公路施工安全教育系列丛书——工种安全操作
本书为《公路施工安全视频教程》配套用书

架子工
安全操作手册

广东省交通运输厅 组织编写
广东省南粤交通投资建设有限公司
中铁隧道局集团有限公司 主编

人民交通出版社股份有限公司
China Communications Press Co.,Ltd.

内 容 提 要

本书是《公路施工安全教育系列丛书——工种安全操作》中的一本,是《公路施工安全视频教程》(第五册　工种安全操作)的配套用书。本书主要介绍架子工安全作业的相关内容,包括:架子工简介,架子工作业风险分析,架子工安全管理,脚手架分类及构造要求,搭设作业要点,检查与验收,搭设与拆除安全作业要点等。

本书可供架子工使用,也可作为相关人员安全学习的参考资料。

图书在版编目(CIP)数据

架子工安全操作手册/广东省交通运输厅组织编写;广东省南粤交通投资建设有限公司,中铁隧道局集团有限公司主编. — 北京:人民交通出版社股份有限公司,2018.12(2025.1 重印)

ISBN 978-7-114-15036-4

Ⅰ. ①架…　Ⅱ. ①广… ②广… ③中…　Ⅲ. ①脚手架—工程施工—安全技术—手册　Ⅳ. ①TU731.2-62

中国版本图书馆 CIP 数据核字(2018)第 226225 号

Jiazigong Anquan Caozuo Shouce

书　　名: 架子工安全操作手册

著 作 者: 广东省交通运输厅组织编写
广东省南粤交通投资建设有限公司　中铁隧道局集团有限公司主编

责任编辑: 韩亚楠　崔　建

责任校对: 张　贺

责任印制: 张　凯

出版发行: 人民交通出版社股份有限公司

地　　址: (100011)北京市朝阳区安定门外外馆斜街 3 号

网　　址: http://www.ccpcl.com.cn

销售电话: (010)85285857

总 经 销: 人民交通出版社股份有限公司发行部

经　　销: 各地新华书店

印　　刷: 北京建宏印刷有限公司

开　　本: 880×1230　1/32

印　　张: 1.5

字　　数: 41 千

版　　次: 2018 年 12 月　第 1 版

印　　次: 2025 年 1 月　第 4 次印刷

书　　号: ISBN 978-7-114-15036-4

定　　价: 15.00 元

编委会名单

EDITORIAL BOARD

《架子工安全操作手册》编 写 人 员

编　　　写： 张立军　靳柒勤

校　　　核： 王立军　刘爱新

版 面 设 计： 周少银　万雨滴

致工友们的一封信

LETTER

亲爱的工友：

你们好！

为了祖国的交通基础设施建设，你们离开温馨的家园，甚至不远千里来到施工现场，用自己的智慧和汗水将一条条道路、一座座桥梁、一处处隧道从设计蓝图变成了实体工程。你们通过辛勤劳动为祖国修路架桥，为交通强国、民族复兴做出了自己的贡献，同时也用双手为自己创造了美好的生活。在此，衷心感谢你们！

交通建设行业是国家基础性和先导性行业，也是安全生产的高危行业。由于安全意识不够、安全知识不足、防护措施不到位和违章操作等原因，安全事故仍时有发生，令人非常痛心！从事工程施工一线建设，你们的安全牵动着家人的心，牵动着广大交通人的心，更牵动着党中央及各级党委、政府的心。为让工友们增强安全意识，提高安全技能，规范安全操作，降低安全风险，保证生产安全，我们组织开发制作了以动画和视频为主要展现形式的《公路施工安全视频教程》（第五册　工种安全操作），并同步编写了配套的《公路施工安全教育系列丛书——工种安全操作》口袋书。全套视频教程和配套用书梳理、提炼了工种操作与安全生产相关的核心知识和现场安全操作要点，易学易懂，使工友们能知原理、会工艺、懂操作，在工作中做到保护好自己和他人不受伤害。

请工友们珍爱生命，安全生产；祝福你们身体健康，工作愉快，家庭幸福！

广东省交通运输厅

二〇一八年十月

目录

CONTENTS

1 PART 架子工简介

架子工是用搭设工具，将钢管、夹具和其他材料搭设成操作平台、安全栏杆、井架、吊篮架、支撑架等，且能正确拆除的人员。

公路工程中常用的支撑架有：扣件式、碗扣式、门式、盘扣式四种。

各种类型的脚手架优缺点对比

序号	名　称	优　点	缺　点
1	扣件式钢管脚手架	(1)承载力较大； (2)装拆方便，搭设灵活； (3)比较经济	(1)扣件容易丢失； (2)节点扣件偏心传递荷载； (3)扣件节点的连接质量受扣件本身质量和人工操作的影响显著
2	碗扣式钢管脚手架	(1)承载力大、碗扣节点结构合理； (2)脚手架组架形式灵活； (3)各构件尺寸统一； (4)装拆功效高，减轻劳动强度； (5)安全可靠； (6)维修少； (7)运输方便	(1)横杆为几种尺寸的定型杆，使构架尺寸受到限制； (2)价格较贵； (3)U形连接销易丢

续上表

序号	名　称	优　点	缺　点
3	门式钢管脚手架	(1)几何尺寸标准化; (2)结构合理,受力性能好,承载能力强; (3)施工中装拆容易、架设效率高、省工省时、经济适用	(1)构架尺寸无任何灵活性; (2)交叉支撑易在中铰点处折断; (3)定型脚手架较重
4	承载型盘式钢管脚手架	(1)多功能组合; (2)搭设效率高; (3)轻巧简便; (4)调节范围广; (5)产品生产标准化; (6)装拆方便	(1)横杆为几种尺寸的定型杆,使构架尺寸受到限制; (2)价格较贵; (3)插销自锁差

2 PART 架子工作业风险分析

架子工作业中存在的风险主要有高处坠落、物体打击、触电、架体失稳造成的垮塌事故。

高处坠落

物体打击

触电

垮塌事故

3 PART 架子工安全管理

3.1 架子工的基本要求

（1）年满18周岁不超过55周岁且身体健康符合高处作业要求。

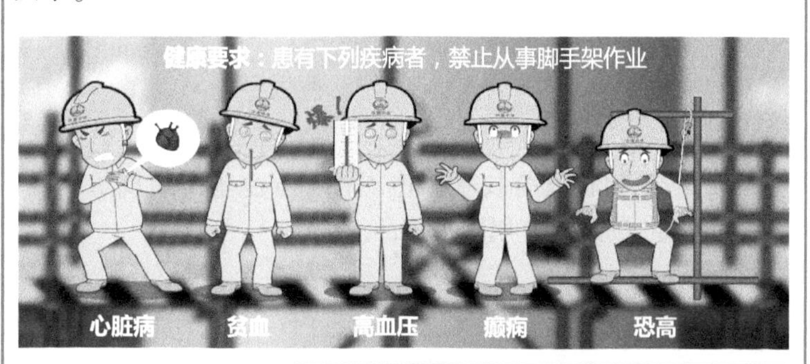

（2）架子工必须取得省住建厅颁发的特种作业操作证，证书有效期为2年，应在期满前3个月内向原考核发证机关申请办理延期复核手续。

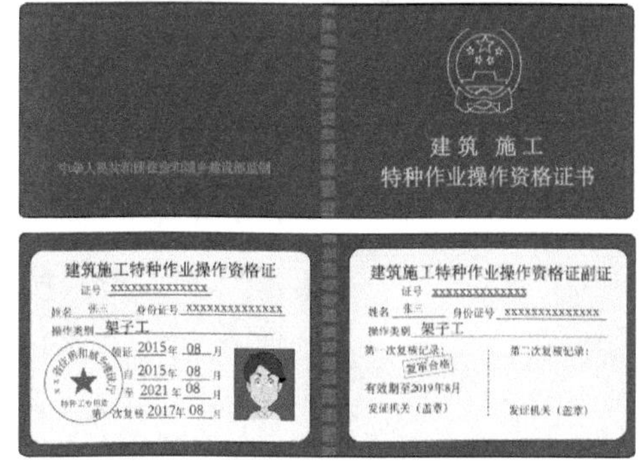

3.2 架子工职责

(1)架子工必须熟悉并掌握脚手架的安全技术操作规程，并持证上岗。

(2)严格执行安全技术操作规程和安全生产的规章制度，不违章作业,按规定使用防护用品。

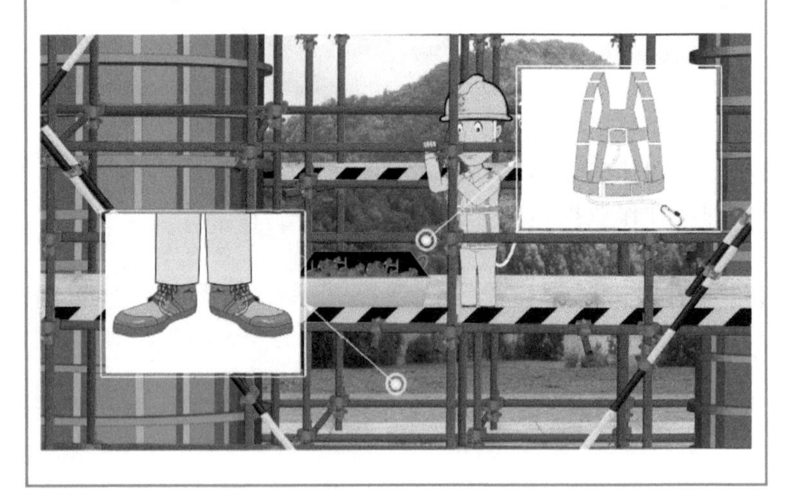

❗严禁在架子上嬉闹,料具不准乱抛乱扔,坚持工完料清,并按指定地点集中堆放,保持施工现场的整洁。

(3)对脚手架的安全使用情况以及承载能力提出合理建议。

(4)发现非架子工擅自拆、改脚手架者,立即劝阻、制止,必要时向施工现场负责人反映情况。

(5)必须接受技术交底及安全交底,未经交底有权拒绝作业。

PART 4 脚手架分类及构造要求

4.1 脚手架的分类

按配件的不同可分为：扣件式、碗扣式、门式、盘扣式脚手架等。

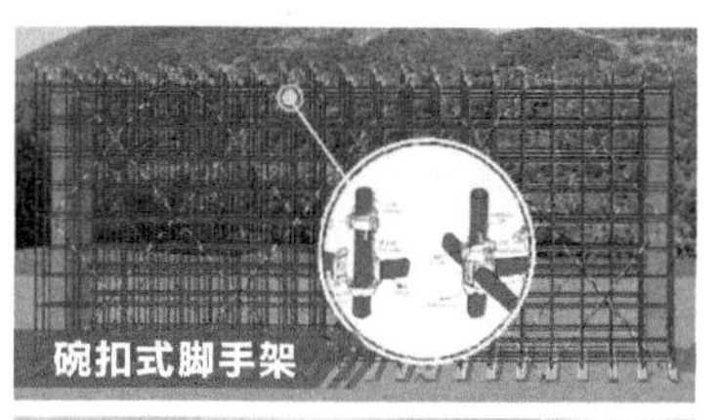

按搭设的立杆排数，又可分为：单排脚手架，双排脚手架和满堂脚手架。

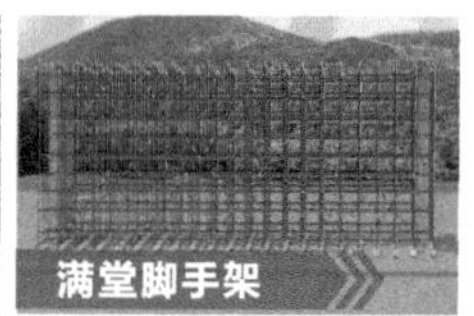

按搭设的用途，则可分为：作业脚手架和支撑脚手架。

4.2 脚手架组成及构造要求

底座：立杆底部基础不平整时调节高度的作用。

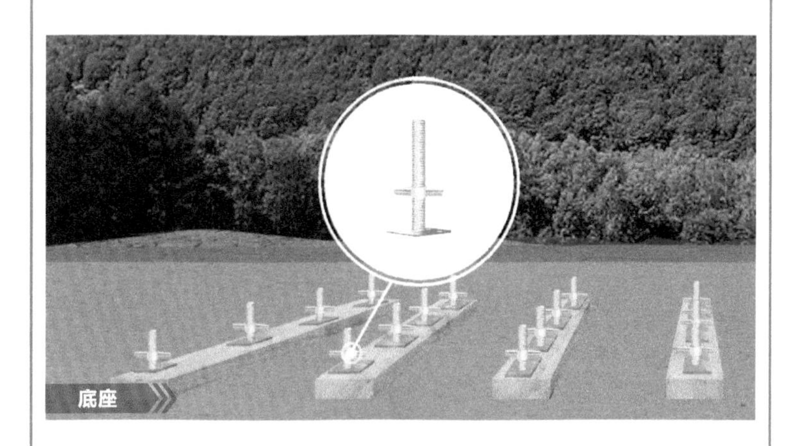

立杆：主要承受施工及其他荷载竖向杆件结构。

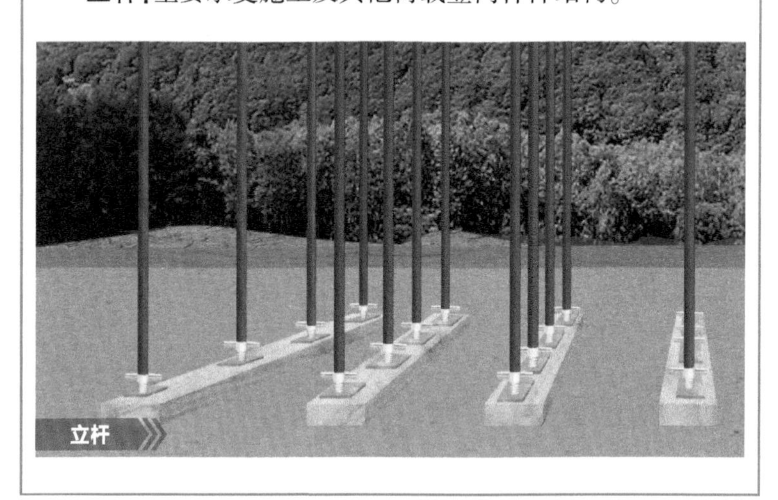

水平杆：防止变形，增加刚度的作用。

扫地杆：增加架体整体稳定性的作用。

剪刀撑:防止脚手架变形,增强脚手架整体刚度的作用。

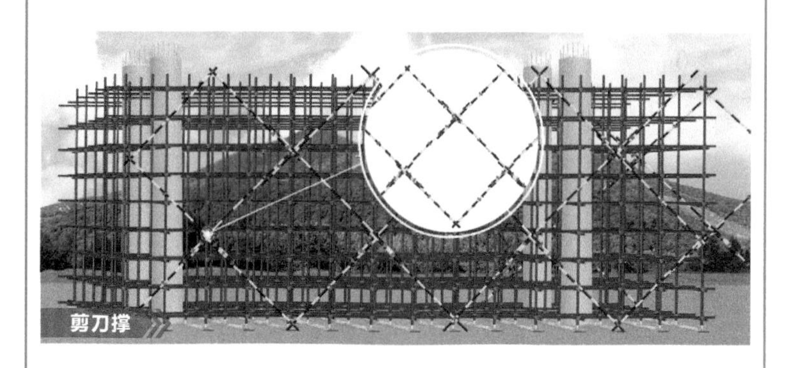

可调顶托:在架体顶部起调节高度的作用。

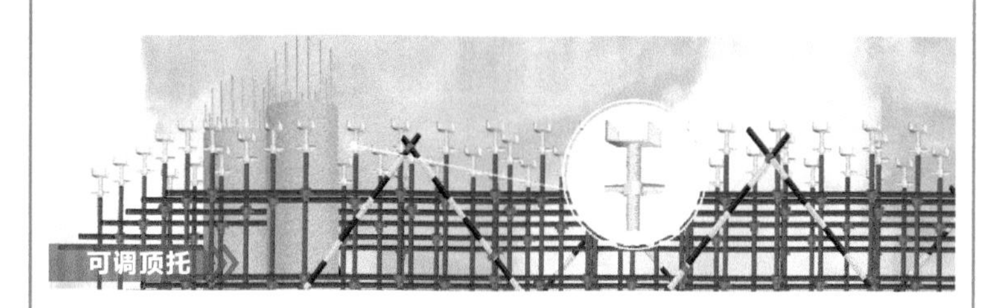

脚手板:可采用钢、木、竹材料制作,单块质量不大于30kg。木质板、竹材板厚度不小于5cm。

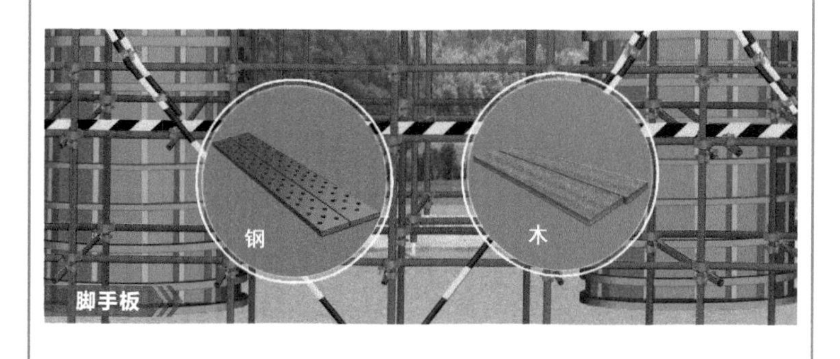

步距:上下水平杆轴线间的距离。支撑脚手架的立杆间距和步距应按设计计算确定,且间距不宜大于 1.5m,步距不应大于 2.0m。

立杆纵横间距:相邻立杆纵横向之间的轴线距离。

主节点:立杆、纵向水平杆、横向水平杆三杆紧靠的扣接点。

5 PART 搭设作业要点

(1)**搭设前场地检查的主要内容**:搭设前,对基础平面进行检查,保证满足方案要求。

(2)**下垫方木**:为防止支腿传递的集中荷载使基础不均匀受力,方木厚度不小于5cm,宽度不小于20cm。

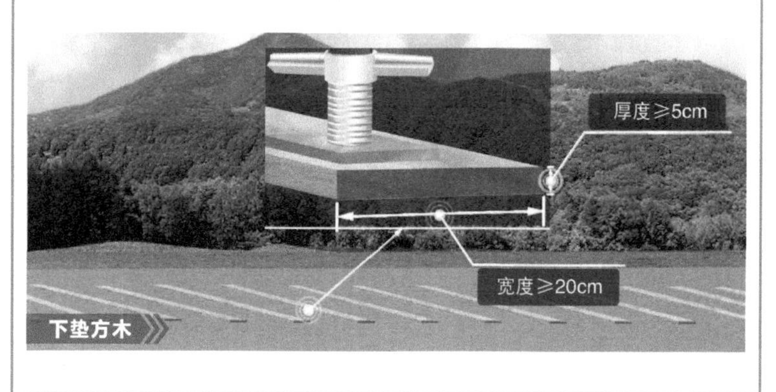

(3)**底座安装**:支撑脚手架的可调底座插入立杆的长度不应小于 15cm,其可调螺杆的外伸长度不宜大于 30cm。

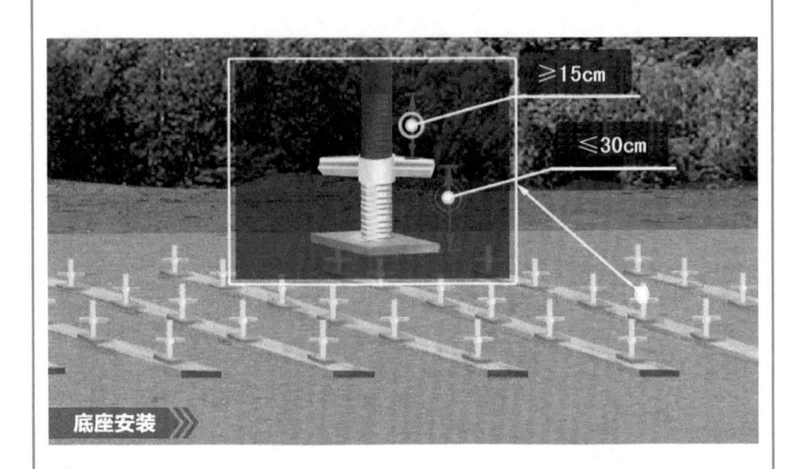

(4)**立杆搭设**:承重的立杆接长必须对接,不许搭接。

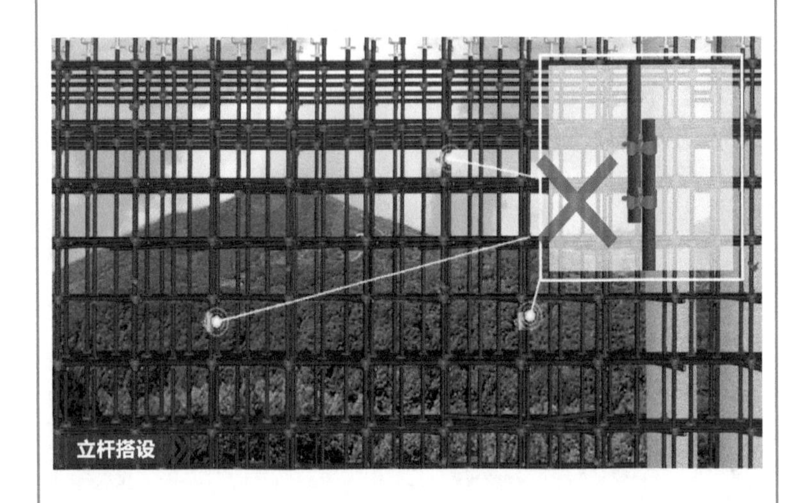

立杆上的对接扣件应交错布置,两根相邻立杆的接头不应设置在同步内。

同步内隔一根立杆的两个相隔接头在高度方向错开的距离不宜小于50cm。

各接头中心至主节点的距离不宜大于步距的1/3。

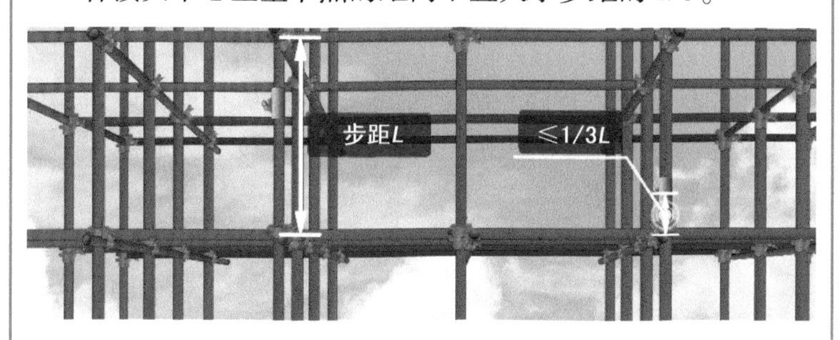

立杆垂直度偏差应符合相关要求,且总高度垂直偏差不大于100mm。

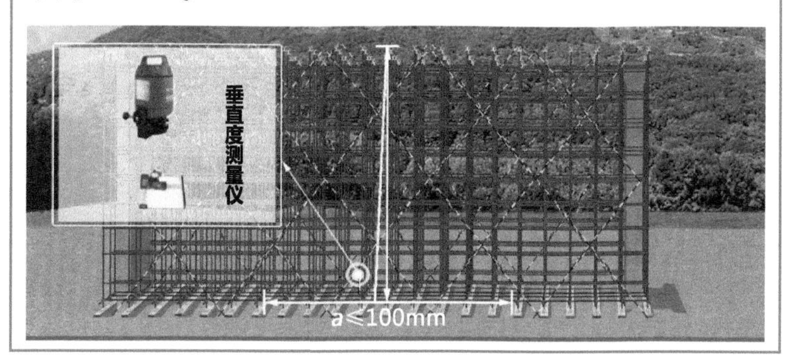

纵、横向扫地杆固定在立杆上，纵向扫地杆距底座不大于20cm。横向扫地杆应固定在紧靠纵向扫地杆下方的立杆上。

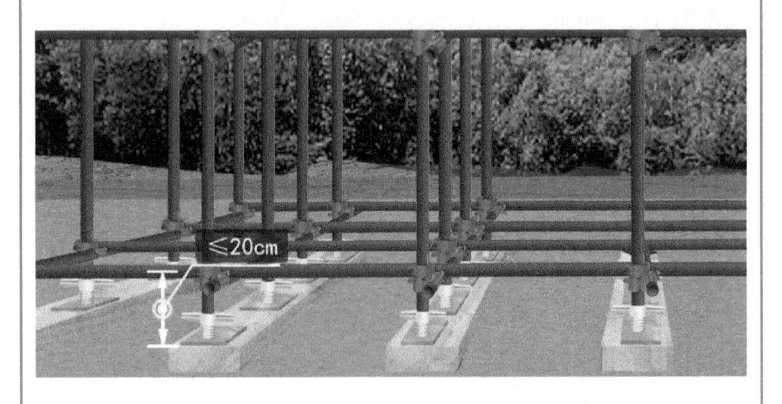

当立杆基础不在同一高度时，高处的纵向扫地杆应向低处延长两跨与立杆固定，高差不大于1m，靠边坡上方的立杆轴线到边坡的距离不小于50cm。

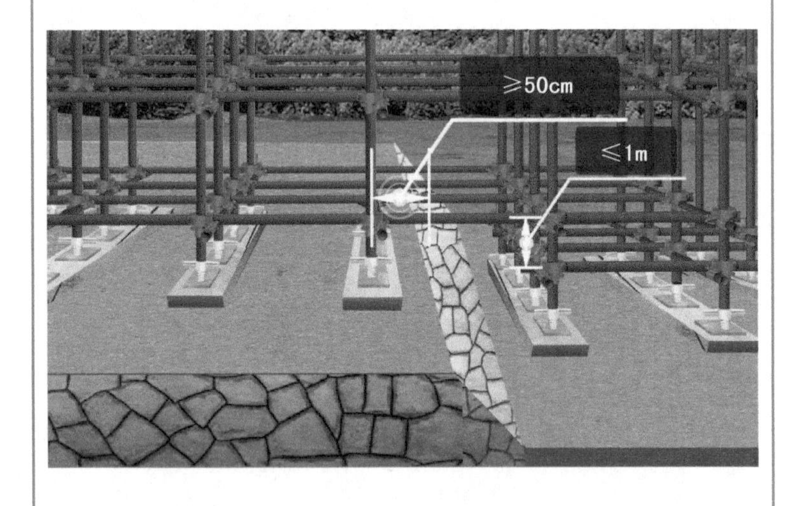

(5)**剪力撑**:每道剪刀撑的宽度应为 4 ~ 6 跨,且不应小于 6m,也不应大于 9m;剪刀撑斜杆与水平面的倾角应在 45° ~ 60°。

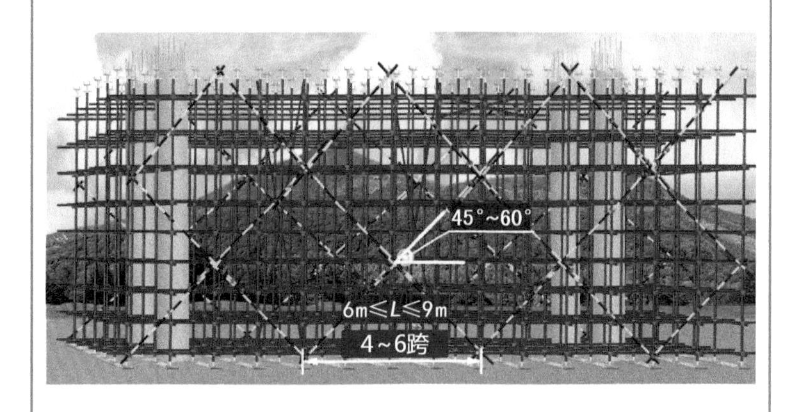

剪刀撑搭接长度应大于 1m,应等间距设置三个扣件固定。剪刀撑斜杆固定在立杆上,扣件中心线至主节点的距离不宜大于 15cm。

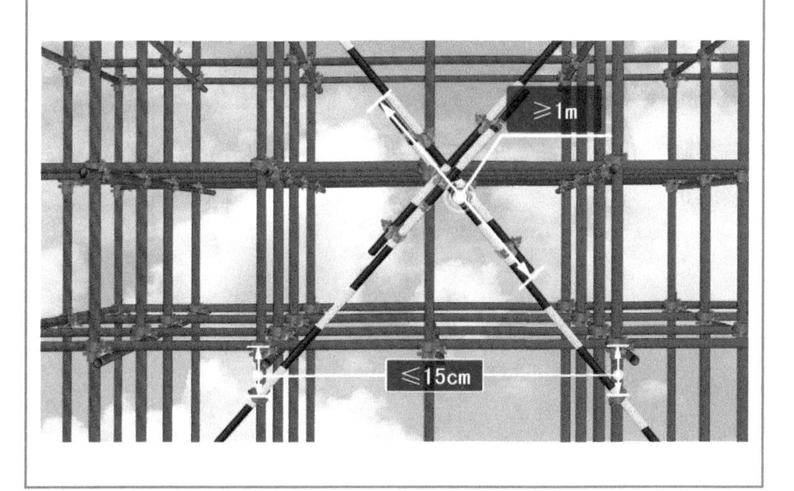

（6）**满堂支撑**：满堂支撑脚手架应在外侧立面、内部纵向和横向每隔 6～9m 由底至顶连续设置一道竖向剪刀撑。

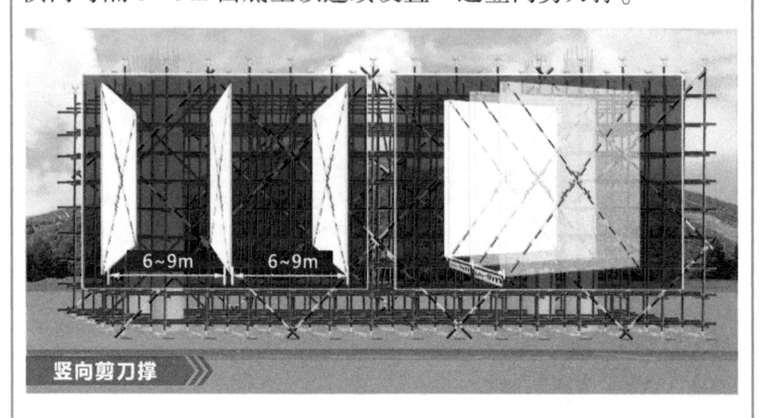

在顶层和竖向间隔不超过 8m 处设置一道水平剪刀撑，并应在底层立杆上设置纵向和横向扫地杆。

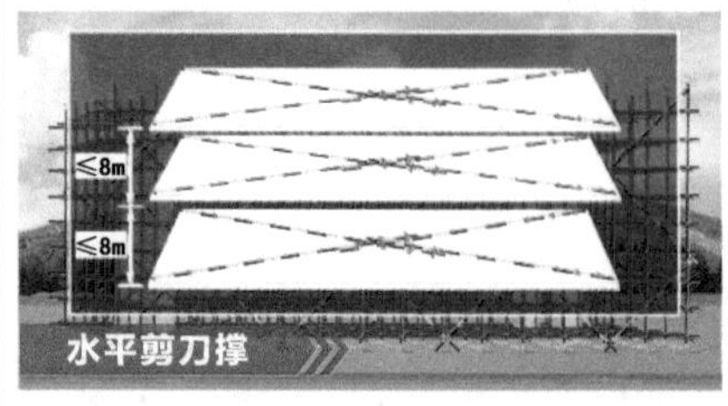

脚手板应满铺，两端宜各设直径不小于 4mm 的镀锌钢丝箍两道。

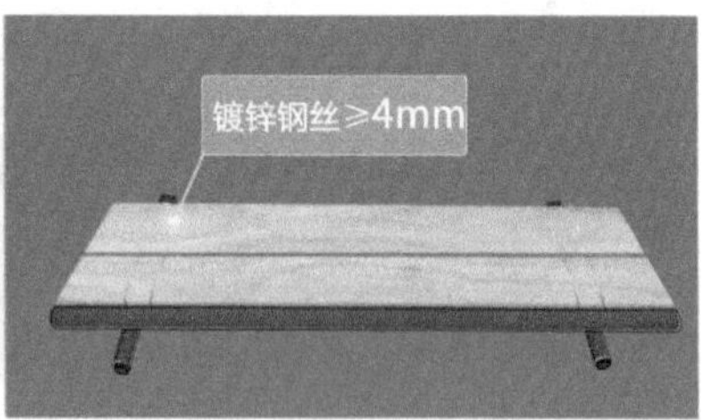

用安全网兜底，设置不低于1.2m的围护栏杆。脚手架四周外立杆的内侧用密目式安全网封闭，并与架体绑扎牢固。

可调托座插入立杆的长度不应小于150mm，其可调螺杆的外伸长度不宜大于300mm。

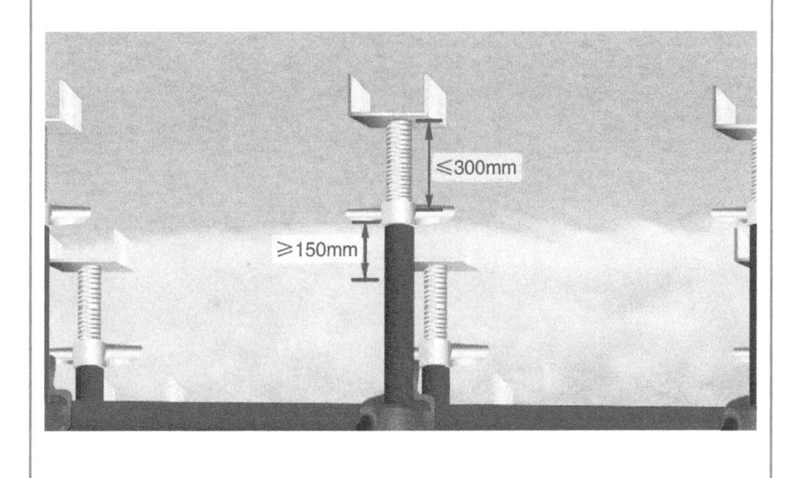

当可调托座调节螺杆的外伸长度较大时，宜在水平方向设有限位措施，其可调螺杆的外伸长度应按计算确定。

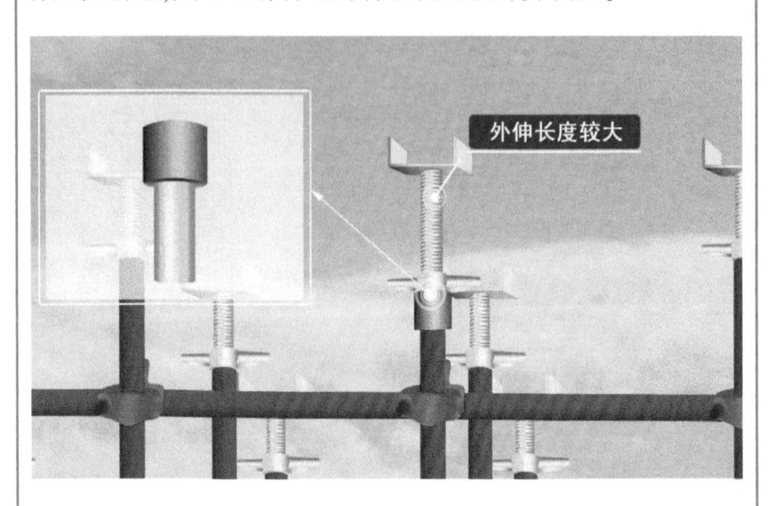

（7）**人形通道设置**：双排脚手架人行通道两侧脚手架应加设斜杆。

模板支撑架人行通道应在通道上部架设专用横梁,横梁结构应经过设计计算确定。通道两侧支撑横梁的立杆根据计算进行加密,通道周围脚手架应组成一体。通道宽度应≤4.8m。

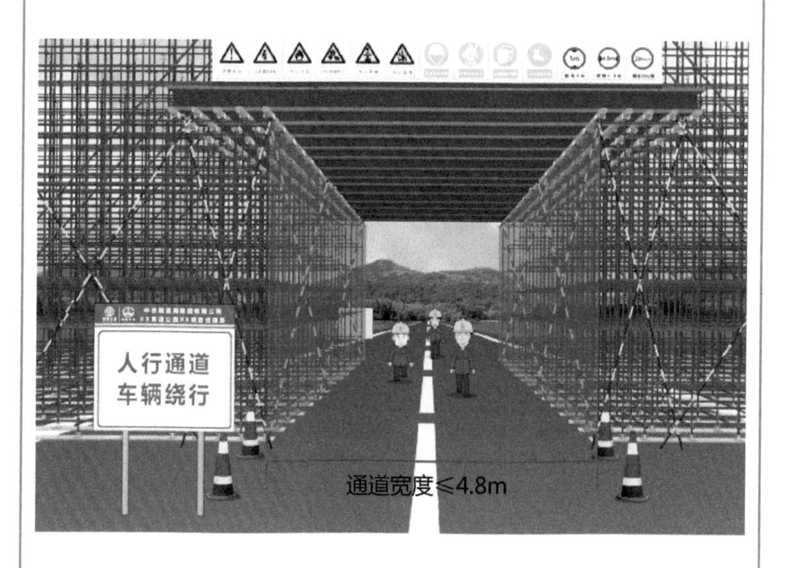

当通道顶部必须设置封闭的覆盖物,两侧设置安全网。通行机动车的洞口,必须设置防撞设施。

6 PART 检查与验收

脚手架搭设质量应按阶段进行检查与验收。

脚手架在使用前及特殊情况下应进行检查，确认安全后方可使用。

使用前检查	特殊情况下检查
(1)主要受力杆件、剪刀撑等加固杆件、连墙件应无缺失、无松动、架体应无明显变形	(1)遇有6级及以上强风或大雨过后
(2)场地应无积水、立杆底端应无松动、无悬空	(2)冻结的地基土解冻后
(3)安全防护设施应齐全、有效、无损坏缺失	(3)停用超过1个月

续上表

使用前检查	特殊情况下检查
(4)附着式升降脚手架支座应牢固，防倾、防坠装置应处于良好工作状态，架体升降应正常平稳	(4)架体部分拆除
(5)悬挑脚手架的悬挑支撑结构应固定牢固	(5)其他特殊情况

7 PART 搭设与拆除安全作业要点

(1)脚手架搭设和拆除作业应按专项施工方案施工。

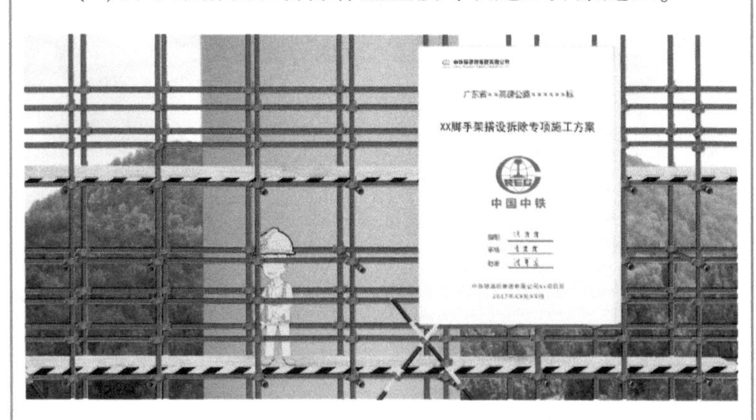

(2)脚手架搭设作业前,应向作业人员进行安全技术交底。

(3)脚手架的搭设场地应平整、坚实,排水应顺畅,不应有积水。

(4)在搭设和拆除脚手架作业时,应设置安全警戒线、警戒标志,并应派专人监护,严禁非作业人员入内。

(5)作业前对钢管、扣件、脚手板、可调托撑等进行检查,杆件及其配件是否存在焊口开裂、严重锈蚀、扭曲变形情况;同一脚手架中,不同材质、规格的材料不得混用。钢管上严禁打孔、焊接。

(6)脚手架搭设从一端开始向另一端搭设或从中间开始向两边同时搭设。

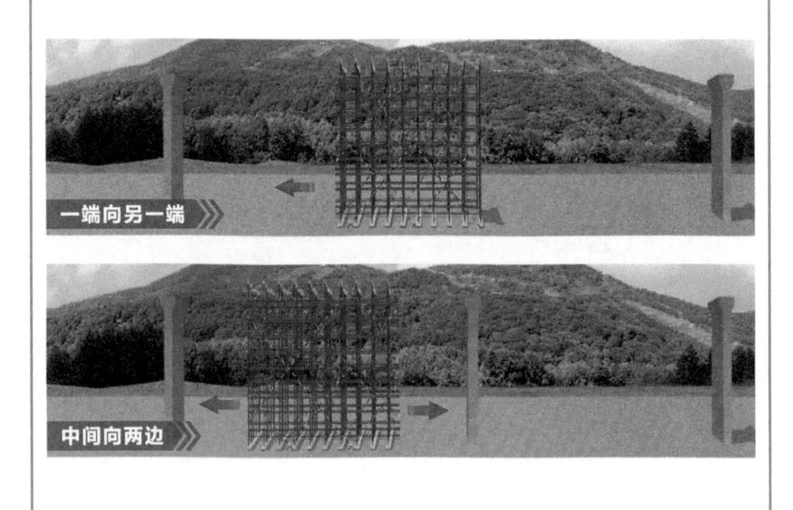

(7)在架子搭设中,传递杆件应多人传递。

(8)支架安装应设置人行爬梯,爬梯设安全防护栏杆,保证人员上下安全。

(9)在外电架空线路附近作业时,起重机、脚手架外侧边缘与外电架空线路的边缘最小安全距离符合要求。

起重机与架空线路边缘的最小安全距离							
电压(kV) 安全距离(m)	<1	10	35	110	220	330	500
沿垂直方向	1.5	3.0	4.0	5.0	6.0	7.0	8.5
沿水平方向	1.5	2.0	3.5	4.0	6.0	7.0	8.5

脚手架的周边与架空线路的边缘之间的最小安全操作距离					
外电线路电压等级(kV)	<1	1~10	25~110	220	330~500
最小安全操作距离(m)	4.0	6.0	8.0	10	15

(10)未搭设完成的脚手架,在离开岗位时不得留有未固定构件和其他安全隐患,确保架体稳定。

(11)脚手架作业层上的荷载不得超过设计允许荷载。

(12)严禁将支撑脚手架、缆风绳、混凝土输送泵管、卸料平台及大型设备的支撑件等固定在作业脚手架上。严禁在作业脚手架上悬挂起重设备。

（13）高度在 20m 以上的支架脚手架必须设防雷接地。

（14）脚手架搭拆时遇到异响、局部变形、大风、大雨、大雾天气时应停止作业，及时组织相关人员撤离。

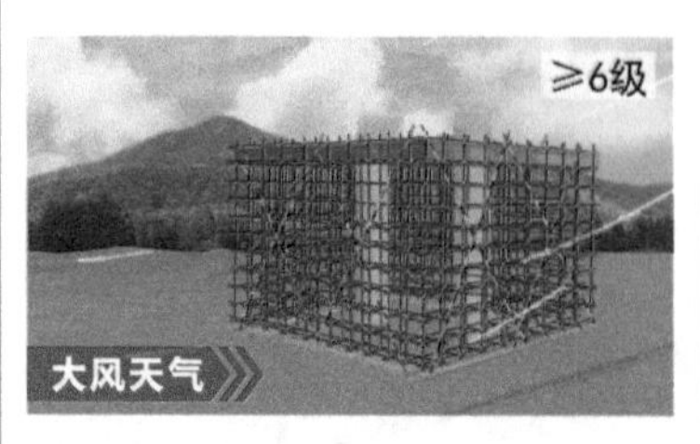

(15)拆卸架前要检查支架上是否有杂物、电线水管等临时设施,必须先清除干净后拆除。

(16)脚手架拆除作业必须由上而下逐层进行,严禁上下同时作业。

(17)拆除脚手架剪力撑,应先拆中间扣,由中间操作人往下顺管件。

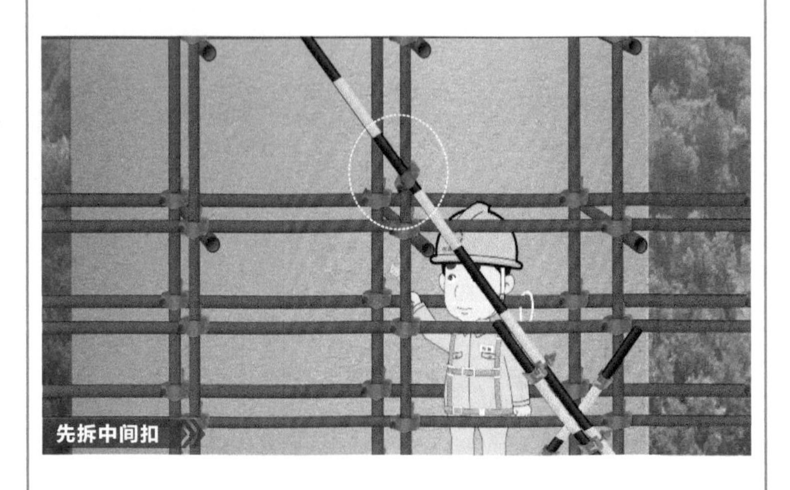

(18)脚手架的拆除作业不得重锤击打、撬别。拆除的杆件、构配件应采用机械或人工运至地面,严禁抛掷。

(19)拆除的构配件应分类堆放,以便于运输、维护和保管。

(20)脚手架在使用过程中,出现架体异响、局部扭曲变形等事故征兆时要及时组织人员撤离。

架子工安全操作口诀

场地平整坚实须排水　架体搭拆警戒与监护

配件开裂变形不使用　钢管选用无锈无孔洞

高处作业爬梯与护栏　杆件多人传递不抛掷

杂物清理干净后拆除　上下同时拆除使不得

剪刀撑扫地杆要求高　脚手板安全网须满铺

架体验收合格再使用　雷电风雨天气不作业